DE

L'ANALYSE DE LA FORCE,

PAR

Mme LA PRINCESSE EUDOXIE GALITZINE

NÉE ISMAILOW.

IIe.

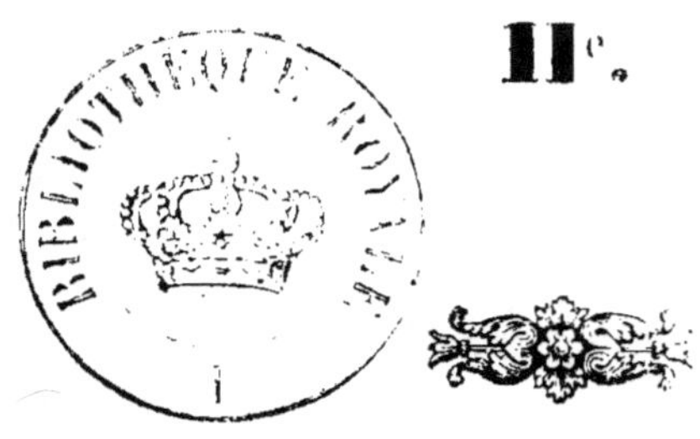

PARIS

IMPRIMERIE DE A. HENRY

8, RUE GÎT-LE-CŒUR

—

1845

INTRODUCTION.

Parmi les géomètres qui ont été nommés, étaient deux étrangers ; ainsi j'ai dû m'exprimer en français, et continuer l'application du principe absolu faite aux sciences positives dans le même langage. D'ailleurs, il est certain que la langue française étant aujourd'hui celle du monde savant, les questions scientifiques qui se rapportent à toutes les nations, émises en français, peuvent être plus facilement appréciées.

Avant d'exposer l'application du principe absolu faite aux sciences positives, qui forment la troisième partie du premier livre, il est, je crois, essentiel de déterminer plusieurs conditions qui se rapportent au mouvement et aux questions physiques ; ensuite, je mettrai tous mes soins à exposer l'analyse de la force, écrite en russe avec un zèle si profond pour la conservation de notre force nationale, atténuée par l'entraînement des opinions européennes : il est ici question uniquement de celles qui sont émises par un parti étranger au pays et à tous les pays. Quant à mes opinions, elles ne sont nullement contraires à celles qui consolident le bien-être de toutes les nations ; je dois croire que la force de la vérité me garantira victorieusement de tant d'atteintes, et qu'aucun autre appui, quelque puissant qu'il soit, ne m'est essentiel. La rectitude de cette analyse doit triompher, il faut l'espérer, de l'étrange prévention des personnes du cercle où je me trouve, lesquelles acceptent, sans prendre la peine de juger, donc sans le reconnaître, les idées d'une volonté contraire aux opinions conservatrices *de la loi des temps* et de la force nationale.

Avant la connaissance du principe absolu et des lois qui en dépendent, il était impossible de reconnaître le rapport de questions relatives à des sciences diverses ; l'application de ces lois par des données différentes, faite aux sciences, démontre que le principe est absolu ; ainsi, que c'est une loi donnée et non arbitraire.

Cette analyse ne s'occupe d'émettre aucune hypothèse, elle reconnaît ce qui est, comme cela est ; d'après ce principe, on ne peut pas admettre l'hypothèse qu'un mobile, dans l'espace, peut décrire une droite, mais il se déduit qu'il doit décrire la ligne qu'il décrit. Nécessairement, une connaissance plus approfondie de la loi universelle doit élever les sciences exactes et sociales.

Le principe de l'économie politique, d'après cette analyse, n'est pas l'industrie, mais l'équilibre qui se déduit de la somme des rapports.

Quant à l'ordre social, cette analyse émet le droit des nations (qui n'a pas été reconnu); elle reconnaît qu'on ne peut appliquer la loi individuelle aux nations, de même que la loi du mouvement des corps sur la terre ne peut être appliquée à celui des corps dans l'espace. *Cette loi du mouvement des corps dans l'espace, qui n'a pas* été reconnue, *est exprimée par les calculs déduits de l'analyse de la force.*

Dans cette seconde partie qui contient l'application du principe absolu aux questions physiques et au mouvement, il s'établit que *la loi d'inertie dans l'espace n'existe pas, et que la force n'est jamais proportionnelle à la vitesse.* Sans aucune démonstration ni notion sur les sciences, il est évident que le principe de la proportionnalité des forces n'est pas exact ; si le principe est égal au résultat, tout principe cesse d'être principe. L'analyse qui suit *du rapport de la cause à l'effet du mouvement du mobile, combiné de la cause à l'effet produit dans l'atmosphère,* pose la limite de la force imprimée connue ou du mouvement des corps sur la terre, et de la force inconnue ou de celle des corps dans l'espace. On est appelé à reconnaître que le mouvement des corps dans l'espace est régi par une autre loi, dont l'exposé, comme il est dit, forme la troisième partie du premier livre.

A l'égard des questions physiques, d'après cette analyse, il se déduit que *les impondérables sont cause du mouvement, et qu'ils sont le principe des corps; qu'ils se divisent de la terre à l'espace, sur la terre de pure à méphitique, et que les forces centrifuge et centripète se présentent comme fonc tions des impondérables.*

Toute la force de cet écrit consiste à n'admettre nulle déviation des lois de création, dont l'analyse constitue le principe absolu : ces lois doivent dissiper, par le pur éclat de la force de la vérité, les débiles opinions si funestes au principe conservateur des nations.

Je dois répéter ici ce qui est dit à la première partie du premier livre, sur le nom donné à ces calculs, à cause d'une objection bien peu fondée qui m'a été faite sur le mot *ère*. Le premier de ces calculs, nommé le différentiel, ou celui *d'harmonie ;* le deuxième, celui *des forces ;* le troisième, l'intégral, ou celui *des harmonies ;* tous de la deuxième ère, me paraissent bien nommés : *ère* signifie époque; si une loi s'établit sur toutes les opérations, on peut dire que c'est une ère nouvelle. La seconde ère désigne, par seconde, que ces calculs sont une déduction et élévation de ceux qui sont admis, ce qui les caractérise exactement et désigne leur nature.

A l'égard des sciences positives, ne pas reconnaître la loi dans toute son étendue, ne désigne souvent aucune erreur, mais une autre limite ; car la loi aux sciences positives peut être prise sous l'acception de la science même, comme plus d'étendue de connaissances. A l'égard des sciences qui constituent l'ordre social, ou des sciences politiques, méconnaître la loi est une erreur destructive de toutes forces, donc du bien être social : on détruit quand on croit consolider ; car la loi aux sciences politiques, ne peut être prise que sous l'acception de celle qui règle la conscience et qui constitue la force du jugement ; elle *rejette la voie étroite et abusive des systèmes exclusifs*, et elle est indépendante des connaissances, car elle les rectifie : la seule connaissance indispensable est celle du génie national, qui ne s'enseigne pas. Il est aussi bien vrai qu'un jury juge souvent bien mieux qu'un professeur de droit ; si sa conscience est mieux éclairée , son caractère et ses sentiments sont plus élevés.

La loi qui régit l'ordre social pouvait être appréciée précédemment sans démonstration ; aujourd'hui elle demande à être déterminée, vu qu'elle est offusquée par de fausses et étranges théories considérées comme des principes.

Les théories nouvelles n'ont souvent qu'un mot ou une phrase pour base ; elles se détruiront, mais avant d'être rejetées, elles ont une portée. Je ne sais qui, le premier, a eu l'idée du tracé des routes en ligne droite. Il y a quelques jours, j'ai entendu soutenir avec force et conséquence l'opinion contraire ; d'autres, dans le même salon, en riaient comme d'une pensée qui avait passé de saison ou de mode. Cette autre pensée, si légèrement émise, que l'on reconnaît le degré de civilisation par le nombre de personnes qui savent lire : suivant cette opinion, que d'écoles ont inondé tous les pays, on s'apercevra sûrement après que le chiffre du nombre des écoles et écoliers ne peut évaluer le degré de civilisation, qui est bien plus difficile à reconnaître qu'une règle d'arithmétique à faire. *S'il existait une définition rigoureuse des mots nation, civilisation, on re-*

connaîtrait l'importance du changement de tout ce qui est en somme, ou de tout ce qui se rapporte à toute la nation, comme le langage, les usages, la nourriture, le costume, la monnaie, le tracé des routes. Cette analyse appelle l'attention sur ces hautes et vitales questions, qu'on peut aujourd'hui attaquer sous tant d'acceptions sans le reconnaître, vu que la force ou le lien qui forme une nation est méconnu. On agit judicieusement en formant et n'admettant pas les mots étrangers, même pour des usages nouveaux.

Cette analyse étant chrétienne, elle est sûrement contraire à la philanthropie et humanité abusive : j'appelle abusive celle qui admet le sentiment chrétien sans reconnaître la loi chrétienne qui le régit. Cette analyse propose de diviser en tout dans les recherches philosophiques, l'économie politique, la philanthropie, l'humanité, ce qui consolide avec ce qui renverse l'ordre social. Il est évident que la philanthropie établissant des hôpitaux pour les naufragés, favorisant le débit des denrées à bas prix, se rapporte à la charité. La religion condamne la philanthropie si elle détruit une vertu; tous les moyens ne peuvent être employés, même par charité.

On est blessé de voir une jeune personne de la société amenée par la philanthropie à se produire en public pour exécuter un chant ou un morceau de musique. La charité si pure règle tout, préservant de toute atteinte. L'établissement d'*un si grand nombre d'écoles et instituts philanthropiques mène à détruire le bien-être dû aux liens de famille.* Que de mères, dans les classes moyennes et populaires, cherchent à y placer leurs enfants, lesquels, rendus à leurs parents, reviennent étrangers à leur famille. Si les écoles ont une base anti-nationale, *ce qui ne se voit pas en France ni dans aucun pays où la nationalité n'est pas attaquée, il se forme une société hétérogène aux coutumes et usages nationaux, dont la croissance, à un certain terme, amène nécessairement une scission.*

Il est reconnu *que la philanthropie, généralisant, dissout les obligations de famille; étendue à l'humanité, l'humanité dissout les liens de nationalité et les obligations si sacrées qu'elle impose.*

x

On a vu aujourd'hui le Gouvernement anglais étonné du désordre singulier dans les Chambres, produit par une fausse idée de bienveillance. S'il est vrai que la proposition de la diminution des heures de travail sacrifie sans le vouloir l'intérêt de la nation pour l'individu, dans ce cas, cette pensée a pour base l'humanité abusive. La réaction est absolue, vu que l'individu est compris dans la masse; c'est une blessure peu dangereuse guérie par des remèdes tellement violents qu'ils affectent tous les organes. Avant que les nouvelles théories ne soient émises, la fausse tendance était facilement éclaircie; à présent, tout caractère droit et énergique sent l'erreur; mais les meilleurs arguments ne peuvent dominer cette masse d'idées contraires, lesquelles, étant acceptées, réduisent au silence et désarment l'opposition; tout raisonnement contraire est attribué à l'incapacité, ou se verra refoulé, vu qu'il ne peut franchir la série des théories antisociales. On répond : rien ne peut arrêter la marche du siècle, qui va vers le perfectionnement : *be or not to be*, c'est la question, la marche du siècle. Va-t-elle au perfectionnement ? Ce perfectionnement est-il dans les limites possibles dans le temps ? Cette analyse ne combat aucune recherche, institution ni invention utile, mais elle donne le moyen de diviser sur une base positive le vrai de l'abusif ; *de reconnaître si tel changement mène à détruire ou consolider les liens qui forment une nation, et quels sont ces liens ;* dans l'application de la même question, *comme celle du chemin de fer* ou du tracé des routes en ligne droite, et tant d'autres, sous quelle acception elle facilite ou encombre de difficultés les rapports.

Il est essentiel d'admettre qu'il est une loi donnée au temps ; elle ne peut être qu'indestructible ; *cette loi établit les différences et les conditions finies dans le temps.* D'après cette loi, les nations ont toujours été et ne peuvent cesser d'être. Ce qui convient à un peuple ne peut convenir à tel autre. Il faut *reconnaître si le nivellement que propose l'humanité s'accorde avec la centralisation qui constitue les nations, ou si elle amène la dissolution de l'ordre social :* si la loi est méconnue, on ne pourra rétablir l'équilibre que par une réaction.

Avant que l'analyse de la force eût posé le principe absolu, les lois du principe absolu étaient appréciées dans les institutions politiques sans être démontrées, car aucune autre base réelle ne peut exister. *Je sens, malgré mon extrême faiblesse et incapacité, que je m'appuie sur une force réelle, celle de lois données ou absolues.* Il est évident que la loi de la quatrième division du principe absolu (qui n'a pas été reconnu), appliquée à toutes les sciences positives et politiques, donne la démonstration, élevant les combinaisons, que le principe est absolu. Les lois qui en dépendent étant données, si celle de l'ordre social s'en déduit, elle est un principe conservateur de la vigueur ou de la vie nationale.

Les études que j'ai faites, comme celles que font toutes les personnes de la société, sont si élémentaires, que je dois dire en toute vérité que les sciences me sont étrangères ; par la connaissance que j'ai acquise du principe absolu, qui est celle du génie ou de la sagesse des sciences, j'ai obtenu des notions, non sur les sciences, mais sur l'esprit des sciences ou sur les principes qui les constituent; et comme elles sont dues uniquement à cette analyse, je dois croire qu'on pourra comprendre facilement, sans d'autres études, l'ouvrage qui *sera écrit en russe*, et qui doit contenir une analyse bien plus étendue du principe et de l'application du principe absolu. *Ici, ce qui est dit sur le principe absolu n'est qu'une indication.*

L'application des lois qui constituent le principe absolu, qui se rapporte au problème différentiel, ne peut être, je crois, comprise sans la connaissance du calcul différentiel ; quant à celles qui sont faites à l'espace, au mouvement, ces conditions sont visibles; ainsi il me semble qu'on peut les comprendre facilement sans études.

Depuis trois mois et plus que je suis à Paris, je regrette que des embarras imprévus aient retardé l'impression, et de n'avoir pas été à même de consulter personne sur cet écrit.

Je prie qu'on ne me nomme pas une femme

savante ni de lettres ; ce serait une usurpation qui gène, et qui me force toujours à dire que je ne sais rien, excepté le principe absolu, et que je n'ai ni ne ferai jamais publier aucun ouvrage. L'analyse de la force n'est qu'une expression de sentiments profonds, et d'un saint respect pour la force nationale souvent méconnue.

On objectera peut-être qu'on ne peut comprendre l'application du principe absolu faite au calcul, parce que le langage n'est pas scientifique ; si je le connaissais même, il me serait souvent impossible de l'employer : étant particulier à telle science, il ne peut rendre, aussi bien que le langage ordinaire, le développement d'une série de combinaisons analytiques appliquées à différentes sciences : *l'analyse résumée déduite des lois ou des moyens de calcul.* C'est à messieurs les géomètres à voir *si, en prenant ces lois ou moyens pour base, le calcul en devient plus exact ou plus élevé.* Le résumé qui termine contient les questions que cette seconde partie propose aux calculs et à l'économie politique.

Je dois faire observer, que d'établir à l'égard

des sciences les lois déduites de l'analyse de la force, sans rapporter aux divisions, épargne la peine de ramener ces questions au principe absolu ; mais par la suite, pour démontrer que le principe est absolu, il devient essentiel de revenir sur ces questions ; et d'ailleurs, les lois déduites, si elles ne se rapportent pas à une base absolue, n'ont pas une démonstration si positive ; ainsi, cette difficulté facilitera par la suite la connaissance du principe absolu ou celle de l'esprit des sciences.

L'impression tient ici lieu de copie, et comme j'étudie par cette analyse, il m'est quelquefois essentiel de noter un rapprochement ou une loi qui peut se rapporter à d'autres parties, et de savoir d'où elle se déduit. Ces notes incluses disparaîtront peut-être à la suite ; pour éviter qu'elles soient lues et jugées avant les démonstrations, elles sont désignées par une parenthèse, telle qu'elle est indiquée ici : ( ).

DE LA FORCE ET DU PRINCIPE ABSOLU.

Je n'ai pas tracé de plan : il s'est formé de
l'analyse de la force, qui établit le principe de
classification absolue, ou le principe absolu.
Ici, deux questions s'interposent. Qu'est-ce que
la force? et qu'est-ce que le principe absolu? Je
crois qu'à l'égard de la première question :
Qu'est-ce que la force? les mathématiciens et les
métaphysiciens du siècle ne sauront la résoudre,
car c'est celle du principe absolu, qui n'a pas été
reconnu.

D'après l'analyse de la force, dire ce qu'est la

4

force, c'est démontrer ce qu'est la loi; la démonstration en est donnée par le principe absolu, d'après lequel on doit reconnaître le terme où les définitions cessent d'être, et où le jugement par clairvoyance reconnait que la non-solution est une solution. Admettre que la non-solution est une solution pour des limites qui peuvent être appréciées, serait une absurdité; mais, à l'égard de la loi, principe de toute loi et force créées, c'est l'unique moyen d'exprimer l'élévation et de résoudre des questions insolubles; car c'est une entière solution, comme on le verra par la suite.

Le principe absolu établit : Que la loi *ou force, principe de la loi créé est incommensurable, qu'elle ne se rapporte ni au mouvement, ni au temps, ni à l'espace, ni à aucune création,* et que l'incommensurable élévation de la loi est manifestée en tout au-dessus de tout. Chaque atôme, aussi bien que l'espace, indéfinissable en principe, manifeste de même l'élévation infinie, et, par cela seul qu'il est, atteste la conséquence infinie de la loi.

Les forces ou la force créée est inhérente aux limites de la création ; ces limites désignent plus ou moins de force de la création morale, par plus ou moins d'appréciation de l'élévation infinie de la loi, qui se combinent de plus ou moins de libre arbitre : la subdivision des limites de la loi ou des forces créées, pose la différence des divisions qui constituent la base du principe absolu.

D'après cette analyse, la force de création réelle est celle qui est sentie ou appréciée ; c'est donc celle de la vie.

La création de la matière est une image de la force réelle ; c'est donc une image de la vie ou de la création morale : en conséquence, la loi de la matière, d'après l'analyse de la force, se combine des degrés ou limites de force de création morale, et désigne plus ou moins d'appréciation de l'infini de la loi (qui constitue l'élévation de vie), par plus ou moins de propriété.

A l'égard de la création morale, l'unité ou l'être est presque indivisible du mouvement, car le développement est identique à la vie : dès que la vie est, le développement de la pensée du sentiment se déduit; la vie est sensible par la parole, visible par la respiration, le mouvement du corps. La loi donnée à la vie, en principe, étant infiniment plus élevée, est infiniment différente du développement ou de la vie visible.

Le développement de la vie n'est pas suivant une force imprimée; la vie contient la loi de son développement; il est expliqué comment la vie, contenant la loi ou la cause de son développement, manifeste dans le temps la loi de l'infini, mais ne s'y résume pas.

A l'égard de la matière, tout mobile sur la terre se meut suivant une force imprimée, connue par le résultat; le mouvement de la terre est suivant une force inconnue; sous cette acception, le mouvement de la terre, dont le terme est inconnu, et dont on ne peut diviser la loi, donne l'image de la vie qui contient la loi de son mouvement.

Jusqu'à ce moment, on n'a pas reconnu une autre loi pour le mouvement de tout mobile sur la terre, de celui des corps dans l'espace, ni déduit quelle est la cause du mouvement des mobiles sur la terre. D'après cette analyse, la force est visible par le mouvement qui en est le résultat : la force, cause du mouvement visible, reparaît à une ère ou à une loi plus élevée comme résultat ou comme mouvement visible, ainsi la cause reparaît comme effet. L'élévation incommensurable de la force en principe de cause et d'effet se déduit, sans pouvoir être même exprimée par aucune image.

DU PRINCIPE ABSOLU.

Les divisions d'ères qui constituent la base du principe absolu, se combinent de la subdivision des forces ou lois de création.

Le principe absolu qui élève la loi qui régit le temps, doit résoudre le problème du temps. La loi du temps établit les divergences telles que, moralement, celles du mal et du bien ; physiquement, celles de la nuit et du jour, du froid et de la chaleur, du repos et du mouvement, de la force centripète et centrifuge, et autres ; toutes ces différences, si elles concourent à l'harmonie,

8

se résument au principe de force : en conséquence, on doit reconnaître en principe des divergences qui constituent la loi du temps, la manifestation de l'unité et de l'infini en principe de
l'unité. Il s'établit qu'on peut reconnaître ou ne
pas reconnaître; donc, déduire ou ne pas déduire l'unité en principe des divergences, et l'infinie élévation de la loi en principe de l'unité,
conformément à ces acceptions. *A la première
division de la première ère du principe absolu,
les divergences sont sans la manifestation de l'u-
nité et de l'infini en principe de l'unité.*

*La deuxième division a pour loi, que les diver-
gences ont la manifestation de l'unité.*

*A la troisième division, les divergences ont la
manifestation de l'infini en principe de l'unité;
ainsi elles ont celles d'une loi plus élevée.*

*La quatrième division, ou la première de la
deuxième ère, a pour loi que les divergences de
la première ère ramenée à l'unité, reparaissent
comme différences à la deuxième ère; elles sont,
ainsi que le rapport, suivant une autre loi, qui est
celle des calculs déduits de l'analyse de la force.*

Si les différences ou divergences admettent à l'intervalle la donnée du rapport, le rapport désigne le mouvement; si le mouvement est visible, l'unité l'est à chaque terme; si l'unité ou le terme fini est sans la manifestation de l'infini, cette limite, qui se rapporte à la seconde division, au calcul, s'exprime par le calcul algébrique.

La troisième division, qui a pour loi que le mouvement a la manifestation de l'infini, est exprimée par le calcul différentiel et intégral connu.

La quatrième division, ou la deuxième ère, a pour loi que les différences combinées reparaissent ainsi que le rapport suivant une autre loi; ainsi l'infini de vitesse égal au repos pour la première, reparaît à la deuxième ère telle que mouvement visible, suivant une autre loi, ce qui est exprimé par les calculs déduits de l'analyse de la force.

D'après l'analyse de la force, l'infini créé peut se rapporter à différentes limites de création et à toute limite; il est infiniment différent de l'incommensurable élévation du troisième infini. A

10

la première ère est la manifestation de l'infini ;
à la deuxième, le développement est suivant la
loi de l'infini ; à la troisième est le premier infini.
C'est expliqué par la suite.

Il s'établit cette différence de la première à
la deuxième ère. La première ère est déterminée par le renversement à la deuxième ; ainsi, le
développement à l'infini du rapport a pour terme
la combinaison des divergences marquées à la
première ère, et celle de la première à la deuxième
ère. A la deuxième ère, le développement suivant la loi de l'infini est sans terme ; ce n'est plus
la combinaison, mais la différence de la deuxième
à la troisième ère, qui est d'autant mieux marquée, que le développement est plus étendu.
Ainsi *à la première ère, lorsque les différences
sont marquées, elles se combinent par le renversement de la première ère à la deuxième ; à la
deuxième, lorsqu'elles ne sont pas marquées, mais
qu'elles se déduisent, elles sont toujours différentes ; l'interralle contenu dans chaque terme
n'étant jamais réduit, car la deuxième est à jamais différente de la troisième ère.*

DU MODE DE COMBINAISON DES DIVERGENCES.

D'après la loi de ces calculs, la combinaison des divergences est obtenue par l'admission au calcul du temps indivisible, ou la déduction des valeurs.

Sans une donnée, les divergences sont éternellement divisées, tels que, moralement, le mal et le bien, physiquement, le repos et le mouvement, et autres.

Le mode de combinaison des divergences change d'acception : quelquefois, une des différences subit un renversement, quelquefois les deux sont élevées au principe ; exprimé par le sommet d'un triangle, le sommet tel que le nombre à l'intervalle des différences désignant le rapport, peut se combiner d'un des points ou valeurs à l'extrémité de la base, ou les deux points à l'extrémité de la base du triangle peuvent être ramenés au sommet. Il s'établit que le repos, ramené au mobile ou au poids, par le renversement à l'é-

12

quilibre, cesse d'être divergentau mouvement, si l'équilibredu mobile est aussi parfait que possible, comme au mouvement de la terre. Le poids ou le repos, sous l'acception d'équilibre, est suivant une autre loi : la tendance au repos ou la loi d'inertie cesse d'être visible dans l'espace.

Quelquefois les deux divergences s'élèventà leur principe, comme celle de l'atmosphère; l'atmosphère se compose de divergences, telles que l'azote et l'oxygène, le froid et la chaleur, et autres. (Une pierre éclate par le froid et par la chaleur; ainsi, ces deux divergences se combinent de l'unité de la force.) Toutes les divergences de l'atmosphère constituant l'harmonie, ramenées à leur principe, d'après cette analyse, elles reparaissent dans l'espace, telles que la négative et la positive. La négative et la positive admettent la réduction de l'intervalle aussi parfaite que possible, sans que la différence cesse d'être; il s'établit que *toutes les divergences de l'atmosphère, élevées à leur principe, le sont à la loi des impondérables, qui désigne la loi de l'espace développée par les calculs déduits de l'analyse de la force.*

Il importe d'observer : Que la combinaison des divergences indique qu'une des valeurs est double, ainsi elle désigne le perfectionnement d'une valeur ou d'un point, et non celui des deux valeurs.

Si la combinaison est par le renversement d'une des différences, le développement précède; car le renversement est celui du mobile qui se rapporte à une autre loi. (On a demandé à quel terme était le renversement. Le développement gradué est plus ou moins rapproché du terme proposé; mais à tout terme il est infiniment différent d'une loi plus élevée; ainsi, quel que soit le renversement du poids à l'équilibre, le mouvement est infiniment différent, tant que la loi n'a pas varié, de celui du terme parfait pour la première ère, ou de la loi d'une vitesse infiniment grande, telle que celle du mouvement de la terre. C'est expliqué par la suite.) Si les deux divergences s'élèvent à leur principe, le renversement est à tout terme sans être précédé du développement; car ce n'est pas le renversement du même effet, mais c'est le rapport d'une loi à une au-

14

tre; comme celle de l'atmosphère élevée à l'espace, sans admettre que les mêmes molécules se transforment.

DES DIVISIONS QUI CONSTITUENT LE PRINCIPE ABSOLU.

La première division du principe absolu, comme il est dit, a pour loi que les divergences sont sans la manifestation de l'unité, donc du rapport; si les divergences n'ont pas la manifestation de l'unité, elles n'ont pas celle du rapport ou du mouvement.

La seconde division a la première ère, a pour loi, que les divergences ont la manifestation de l'unité, ainsi elles ont celle du rapport ou du mouvement.

D'après la troisième division, les divergences ont la manifestation de l'unité et de l'infini en principe de l'unité; mais ne sont pas encore suivant la loi de l'infini; c'est-à-dire le rapport des divergences ou le mouvement n'est pas suivant la loi d'une vitesse infinie ou celle de la seconde ère.

La troisième division admet une subdivision, celle de la manifestation de l'infini de la pre-

mière ère pendant la durée du développement, et de l'infini du rapport au terme du développement; l'infini du rapport de la première ère est inhérent à la quatrième division.

La quatrième division ou la seconde ère a pour loi, que les différences combinées pour la première ère, reparaissent à la seconde ère, ainsi que le rapport suivant une autre loi ; il était impossible de résoudre qu'elles sont suivant une autre loi, sans déduire de l'analyse de la force la loi de la seconde ère, et de la démontrer par les applications faites aux sciences.

La cinquième division ou la troisième ère, désigne le premier infini dans la nomenclature des infinis.

On peut admettre que l'incommensurable différence de la seconde à la troisième ère, manifeste l'incommensurable élévation du troisième infini, qui ne peut être exprimé par aucune image, mais qui doit être déduit, pour consolider toutes forces créées.

Il est évident que la force ne peut s'exprimer autrement qu'en divisant et combinant. Ces divi-

16

*sions désignent les différentes limites de la divi-
sion et combinaison; donc , des catégories de force, lesquelles se trouvant dans toutes les sciences,
sont réelles ou données. Les lois qui se déduisent
de ces divisions forment le principe absolu.*

APPLICATION AU PROBLÈME DIFFÉRENTIEL DES DIVI-
SIONS QUI CONSTITUENT LE PRINCIPE ABSOLU.

Le problème différentiel (voyez page 33 de la
première partie du premier livre) propose la combinaison des divergences, sans que la différence
cesse d'être; ainsi il propose de même que le problème du temps, la solution du principe de force exprimé par le mouvement, et se constitue de deux
égale un, donc *de la réduction de l'intervalle
sans que la différence cesse d'être*, ou de la combinaison des divergences sans qu'elles cessent
d'être.

Si les différences sont marquées, l'intervalle
l'est; le rapport à l'intervalle indique le mouvement; dire que deux est égal à un, c'est dire que
le mouvement, sans cesser d'être, est égal au re-

pos, ce qui est indéfinissable, si l'on n'admet une donnée.

Il est dit à la page 53 de la première partie du premier livre, qu'à la première division du problème différentiel, on peut concevoir deux égale un, par le rapport de la dimension d'une unité de mesure à l'autre; ou celui des valeurs aux dimensions, trois archines est égal à une toise. A cette première division on peut déduire ou ne pas déduire la différence et la combinaison, ou le rapport de la valeur à la dimension.

Si on ne déduit pas le rapport des valeurs aux dimensions, cette première division se combine de la première division du principe absolu qui a pour loi que les divergences sont sans la manifestation de l'unité, ainsi qu'elles sont sans celle du rapport.

Si on déduit la combinaison des valeurs aux dimensions, on déduit le rapport ; mais comme la combinaison n'est pas ramenée à la même valeur, car la valeur d'une dimension se combine de la dimension d'une autre valeur; ainsi l'intervalle étant marqué, il y a une imperfection.

18

Si on déduit la manifestation de l'infini en principe de l'unité, on ramène la première division
du calcul différentiel à la troisième du principe
absolu ; ramenée au terme de la troisième, elle
est aussitôt élevée à la quatrième ; l'infini des valeurs n'est plus le rapport des valeurs aux dimensions, mais celui de la loi de la première à
celle de la deuxième ère.

La deuxième division du problème différentiel
se combine, comme il est dit, de la loi du mouvement dans l'espace, ou de la quatrième division du principe absolu, qui a pour loi *que les divergences combinées pour la première ère reparaissent comme différence à la deuxième ère ; la
donnée est visible, c'est celle du rapport des deux
ères, ou celui de la première à la seconde ère,
la combinaison des divergences ou l'infini du rapport est pour la première ère sans que la différence, ou sans que le rapport ou le mouvement
cessent d'être pour la deuxième ère.*

(*A la troisième ère, ou au premier infini, le renversement ou le rapport de deux à un n'est pas
celui d'une ère à l'autre, mais il est à la même ère,*

ce qui s'exprime par l'image de la transition à la même ligne du froid à la chaleur. La donnée à la troisième ère n'est pas marquée comme celle du renversement de l'une à l'autre ère, elle se déduit.

A la quatrième ère ou au second infini, la donnée déduite est supposée pouvoir être élevée.

Au troisième infini, elle est au-dessus de toutes déductions et suppositions, ce qui s'exprime par la combinaison à l'infini du principe et résultat marqué, non à l'ère passée mais présente, sans que le développement cesse d'être. Si la combinaison et le développement ne se rapportent pas de l'une à l'autre ère, ou à deux ères différentes, la combinaison ne reparaît pas comme une valeur simple ou le développement comme étant conditionnel à la loi; il est tel que celui d'une loi au-dessus de toutes; et s'il n'est pas conditionnel à aucune autre loi, il désigne l'incommensurable élévation du troisième infini, Loi des lois créées.)

L'image du troisième infini ne peut être donnée, car il est impossible de marquer la valeur doublée et simple, ou l'infini du rapport et le développement, en même temps, à la même ère sans donnée. Si l'on marque la combinaison, le développement doit être supposé. La combinaison à l'infini du principe et résuliat à l'ère présente, ne peut se concevoir, car c'est supposer, à l'égard du temps, que le temps passé et futur est présent, ce qui désigne le rapport de deux ères, ou au calcul celui de deux infinis, cette acceptation impossible manifeste l'élévation incommensurable du principe de la loi de toute force créée. *Il s'établit que cette élévation infinie de la loi qui ne peut être exprimée par aucune image, comme on le verra mieux par la suite, doit être déduite sans solution pour consolider toutes forces créées.*

Si on admet qu'il existe un terme où l'application d'une vérité peut cesser d'être exacte, on doit supposer que toutes les vérités sont imparfaites. Peut-on conclure qu'aucune vérité n'existe? ou que le jugement est sans loi ou sans direction? Si on doit reconnaître que le jugement ne peut être sans loi, on doit aussi admettre que toute loi, force ou vérité ne peut exister sans manifester l'incommensurable élévation de la loi.

DU RAPPORT DANS UN INTERVALLE.

La valeur plus et moins égale à l'intervalle des différences suppose deux à l'intervalle, de deux

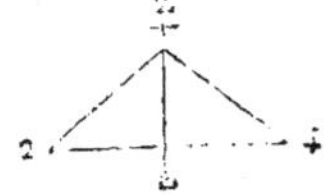

valeurs différentes, telles que deux et quatre ; cette valeur égale désignant le rapport, ramenée au sommet d'un triangle combinant et établissant les différences , donne l'image de la force ; car rien ne peut mieux l'exprimer que le moyen par lequel on combine et on divise, conformément à ce principe : *la force dans cette analyse ne se présente pas seulement sous l'acception de l'unité, mais en principe de la différence est mani-*

festée l'unité, en principe de l'unité, la division ou la différence : sans ce rapport de l'unité aux différences, l'une et l'autre condition, l'unité et les différences, est imparfaitement déterminée (les différences, marquant l'intervalle, peuvent désigner, comme il est it, le développement ou le mouvement) : il faut donc, pour établir l'unité ou la conséquence, que le développement, qui s'en résume, soit conforme à la loi donnée, et pour établir le développement, que l'unité ou la conclusion déduite soit conforme à la loi réelle.

Tout nombre à l'intervalle de deux autres, indiquant le rapport de l'un à l'autre, désigne le mouvement, et par le mouvement la force visible; la force ou la loi a pour propriété la manifestation de l'infini; ainsi, de la propriété de la force morale et physique sur la terre, visible par le mouvement, se déduit celle de la manifestation de l'infinie élévation de la loi donnée à la première ère.

DU RAPPORT RAMENÉ AUX DIVISIONS DU PRINCIPE ABSOLU.

Le rapport dans un intervalle désignant le mouvement, ne peut se rapporter à la première division du principe absolu, qui a pour loi que les différences n'ont pas la manifestation de l'unité, donc elles n'ont pas celle du rapport et du mouvement. Si le rapport est marqué à l'intervalle par un nombre, la transition ou le mouvement de deux nombres différents est visible. Cette acception, d'après l'analyse de la force, *désigne la première limite du rapport*, et se combine de la deuxième division du principe absolu, qui a pour loi : que les divergences ont la manifestation de l'unité. Si le rapport ou le mouvement a la manifestation de l'infini en principe de l'unité, le rapport est suivant la loi de la troisième division du principe absolu. *La troisième se subdivise de la durée du développement au terme, ou de la manifestation de l'infini du rapport à l'infini du rapport; à l'infini du rapport la troi-*

sième division est aussitôt élevée à la quatrième. L'image de la quatrième est donnée par le sommet de la première ère, qui reparait au deuxième triangle comme une des extrémités de la base du second triangle.

A l'infini du rapport de la première ère, les deux valeurs à l'extrémité de la base ou la base du premier triangle élevée au sommet, les différences, sans cesser d'être, le sont aux quantités égales : le sommet à l'intervalle de la base ou les valeurs égales à l'intervalle des valeurs différentes, désigne l'infini du rapport de la troisième division.

DIFFÉRENCE DE LA PREMIÈRE ET DEUXIÈME LIMITE OU ÈRE DU RAPPORT.

La première limite du rapport, ramenée à la seconde division, comme il est dit, peut se rapporter aux deux points qui terminent la base d'un triangle, marqué par les nombres deux et quatre, vu que l'intervalle étant visible, la différence est marquée. La seconde limite se rapporte à la base élevée au sommet ou aux valeurs plus et moins égales à l'intervalle des différences. Le sommet désigne, par les quantités égales, le terme ou l'infini du rapport de la troisième division, lequel, aussitôt que marqué, est ramené à la quatrième.

La différence de la première à la deuxième limite du rapport est donnée par le triangle. A la première ère, l'intervalle est marqué par un nombre; à la deuxième, l'intervalle de valeurs égales se déduit; cette différence est aussi celle de calculs connus à ceux qui sont déduits de l'analyse de la force.

Si l'infini de la première ère ne désigne pas l'incommensurable élévation de la loi, mais conformément aux calculs déduits de l'analyse de la force, un perfectionnement, la somme de principe et résultat de la base à l'infini du rapport de la première ère, reparaît à une ère plus élevée comme principe moins du résultat; ainsi les deux extrémi-

tés de de la base combinées au sommet du premier triangle, reparaissent au second triangle comme une valeur simple, ou telle qu'une des extrémités de la base du deuxième triangle ; mais la valeur simple du deuxième triangle telle que le sommet du premier triangle, doublée pour l'ère passée ou pour le triangle précédent, est suivant une autre loi ; la réduction de l'intervalle des deux extrémités de la base ou celle de la ligne de la base du premier triangle, exprime plus de force, de mouvement.

La différence du premier au second triangle, qui est celle de la première à la seconde limite du rapport, est aussi celle, comme il est dit, des calculs connus à ceux qui sont déduits de l'analyse de la force. A ces calculs, de même que la valeur simple du deuxième triangle est indivisible de la valeur double du deuxième triangle, la même série nommée du rayon combine deux ères ou deux mouvements; si l'un est marqué, l'autre étant inhérente, se déduit ; c'est expliqué *à l'exposition de ces calculs contenus dans la troisième partie.*

DES LOIS QUI SE DÉDUISENT DU RAPPORT.

L'analyse du rapport dans un sens absolu visi-blement ou par une donnée, s'établit sur toutes les divergences ou différences.

Le nombre à l'intervalle, tel que le sommet du premier triangle, indiquant le rapport des deux extrémités de la base, se combine, non des deux à la fois, mais de l'une à l'autre, soit de plus, soit de moins. Supposez le rapport de 2 à 4, deux à l'intervalle, valeur égale à l'infini, est tant plus deux ou tant moins quatre. *L'intervalle étant marqué, l'oscillation par le rapport ou le nouveau au premier triangle, n'est pas suivant une vitesse infiniment grande.*

Au second triangle, il est suivant la loi d'une vitesse infinie.

Dès que le rapport est visible, comme il est dit, les valeurs aux extrémités de la base se combi-nent ; ils ont la manifestation de l'unité ou celle d'un terme fini. C'est la limite des calculs algé-

28

briques. Si l'infini est manifesté en principe de l'unité ou du terme fini, c'est conforme à la limite des calculs transcendants, qui admettent le rapport à l'infini de l'imperfection au perfectionnement.

1re Loi du rapport. — *Le rapport des valeurs aux extrémités de la base ne peut être sans qu'elles ne se résument au sommet, ou au nombre marqué à l'intervalle des différences: ni la loi du rapport au sommet ne peut être appréciée sans le rapport d'une des valeurs à l'autre.*

2e Loi. Le sommet du triangle peut être pris sous trois acceptions : *il peut désigner le rapport suivant la loi de la deuxième division, si l'infini est manifesté en principe , il est suivant la troisième division , qui se subdivise de la durée du rapport au tracé, ou à l'infini du rapport (1).*

A l'infini du rapport l'intervalle des deux extrémités de la base du premier triangle, ou la ligne de la base étant infiniment réduite, l'os-

---

(1) De ces deux lois il se déduit que la monarchie universelle n'est pas de ce monde.

cillation cesse d'être visible pour la première limite; ainsi, *on peut considérer à l'infini du rapport, que les deux valeurs ou différences aux extrémités de la base se résument de la base au sommet;* comme la différence ne cesse d'être, le sommet reparaît tel qu'une valeur simple, vu qu'il reparaît comme une des extrémités de la base du second triangle; donc l'oscillation ou le rapport ne cesse pas d'être, mais il est suivant une autre loi.

On peut concevoir le mouvement à l'infini sans qu'il cesse d'être visible, si, au lieu d'un mobile qui oscille, on suppose le rayon à l'intervalle, ou si la force est en principe ou résultat de l'oscillation. C'est expliqué par la suite.

3e Loi. Le sommet au second triangle ne peut être pris que sous une acception; car il est dit qu'à la première ère, au terme du développement, le mobile qui subit un renversement, se rapporte à une loi plus élevée, et qu'à la seconde ère, plus le développement est étendu, mieux est marquée la différence de la seconde à la troisième ère; ainsi le sommet au second triangle ne désigne pas l'infini de la seconde ère du mouvement, car il ne reparaît pas comme une des extrémités de la base à un troisième triangle. Il se déduit *qu'au second triangle les deux valeurs ne se résument pas au sommet, le développement à la seconde ère intègre les valeurs de la première; de même que le mouvement de la terre intègre celui des corps sur la terre.* C'est expliqué **par** la suite.

4ᵉ Loi. — Au premier triangle, les valeurs aux extrémités de la base n'étant pas doublées à l'infini du rapport, ne contiennent pas l'infini du rapport; si les valeurs ne contiennent pas l'infini du rapport, l'intervalle contenu n'étant pas réduit, la combinaison au nombre de l'intervalle ou d'une des extrémités de la base au sommet, et de l'une à l'autre valeur, n'est pas dans un temps indivisible, l'intervalle étant marqué, **le** mouvement a la manifestation, mais il n'est pas suivant la loi de l'infini.

5ᵉ Loi. — Au second triangle la valeur doublée au sommet du premier triangle, ou la première ère du mouvement, reparaissent comme simple ou une des extrémités de la base du deuxième triangle, le développement est considéré sous deux acceptions : en raison de plus de développement, mieux se perfectionne chaque point où la combinaison de la valeur doublée à la première ère; ainsi, la réduction pour la première ère se combine du développement de la seconde. Il s'établit que l'infiniment petit se combine dans ces calculs de l'infiniment grand. C'est expliqué à la troisième partie du premier livre.

6ᵉ Loi. — La valeur simple à l'une des extrémités de la base du premier triangle n'étant pas doublée pour une autre ère, elle n'est pas élevée à la loi de la seconde limite du rapport ; ce qui désigne qu'elle n'a point toute l'étendue de ses propriétés.

Au second triangle, la valeur simple ou celle à l'extrémité de la base étant doublée pour le premier triangle ou la première limite du rapport, elle est élevée à la loi, donc intégrée; ainsi elle est perfectionnée en entier, ou elle l'est de toute l'étendue de ses propriétés ; je dois faire observer que l'intégration à la première ère, ne désigne pas l'incommensurable élévation, mais, comme il a été dit, un perfectionnement.

Au premier triangle, dès que le rapport est marqué, on peut admettre que les valeurs ont la manifestation de l'infini; on peut dire que les valeurs reparaissent de l'infini de la première ère, telles que des quantités finies, au second triangle reparaissent de l'infini de la seconde ère comme des quantités finies pour la seconde ère et infinies pour la première ère, ainsi à la seconde ère est marquée la combinaison de l'infini au fini.

Si l'intervalle marque l'espace, plus désigne plus de vitesse; si c'est le temps, moins désigne plus de vitesse.

Le rapport dans un intervalle, exprimé par le premier et second triangle, donne l'image des quatre divisions du principe absolu ou des catégories de forces, qui s'applique à toutes les combinaisons ; ainsi elles doivent servir de base à l'application qui suit des divisions du principe absolu faite aux principales questions physiques.

APPLICATIONS DES QUATRE DIVISIONS AUX QUESTIONS
PHYSIQUES.

La différence absolue qui existe à l'égard de l'air ou du fluide qui est sur la terre, est celle de l'air de l'atmosphère, qui se pèse, et du fluide électrique, galvanique et magnétique, qui, sous ces trois différentes acceptions, se résume à la même loi, celle des impondérables qui ne pèse pas.

Il s'établit, conformément à la loi qui régit le calcul différentiel, que le degré de combinaison des différences ou divergences est marqué par la réduction de l'intervalle, et que la réduction de l'intervalle (si l'intervalle mesure le temps) indique le degré de la force du rapport ou du mouvement, ce qui désigne aussi celui de l'étendue de propriétés. D'après ce principe aux impondérables, la négative et la positive, combinées au même point, indiquent, par la réduction de l'intervalle, la combinaison des divergences aussi parfaite que possible, et désignent un mouvement infiniment élevé, ce qui est conforme à l'expérience.

II.   3

34

D'après l'analyse de la force, les impondérables se divisent de partie à somme, ou de ceux
de la terre à ceux de l'espace, et sur la terre de
pure à méphitique. Cette division n'a pas été
reconnue.

*Les impondérables sur la terre, tels qu'une partie de la somme ou de celle de l'espace, manifestent
la loi de l'infini ; mais étant moins de l'entier, les
propriétés sont comme offusquées;* ainsi l'on doit
reconnaître que, sur la terre, les impondérables
n'ont pas toute l'étendue de leurs propriétés.
(Ils peuvent donner l'image de la vie; car la vie
dans le temps contenant la loi de son développement, manifeste par cette intime combinaison
de la vie à la loi, la loi de l'infini, ou celle de la
deuxième ère, mais ne s'y rapporte pas.) A la
suite, *cette différence de propriétés des impondérables de la terre élevée à l'espace, ou de partie à
somme, qui se combine de celle du rayon du feu au
rayon solaire, qui n'a pas été observée, pose dans
l'espace, par la division de partie à somme, la loi
de la gravitation partielle, qui aussi n'a pas été
reconnue.* C'est expliqué par la suite.

A l'égard de l'atmosphère, le froid et la chaleur, l'azote et l'oxygène, la force centripète et la force centrifuge, sont des divergences (V. p. 18 et 19 du livre I); si l'on ne déduit pas le rapport, on ne reconnaît pas l'unité : sous cette acception; l'atmosphère se combine de la loi de la première division du principe absolu, qui est celle que les divergences n'ont pas la manifestation de l'unité ni du rapport.

Si on reconnaît que les divergences concourent à l'harmonie, on les ramène à la deuxième division.

Si on reconnaît la manifestation de l'infini du rapport, en principe de l'unité, l'atmosphère se rapporte à la troisième division; sous cette acception, à l'infini du rapport, elle se résume à son principe aux impondérables; à l'inverse, si les impondérables se combinent de la loi de l'atmosphère; donc de la deuxième division du principe absolu, elles ne sont que manifestées, l'affinité est visible à la décomposition de l'eau.

Les impondérables élevés de partie à somme ou de la terre à l'espace, sont, comme il est dit, suivant la loi de la quatrième division ou de la deuxième ère du principe absolu.

D'après l'analyse de la force, chaque atome, de même que l'espace, est incommensurable en principe; ainsi, *la force visible, exprimée par le mouvement, est incommensurable en principe; il s'établit, à l'égard du mouvement des mobiles sur la terre, que tout mouvement imprimé, écartant l'air de l'atmosphère, fait jour à un air moins dense, qui est celui de l'espace ou des impondérables: ainsi, d'après l'analyse de la force, les impondérables désignent la cause ou la force du mouvement; mais la cause étant accidentelle, ce fluide se résume à son principe, et l'atmosphère se recompose.*

(Le mouvement constant de l'atmosphère est dû à celui de la terre, lequel est suivant la loi de l'espace.)

D'après l'analyse de la force, les impondérables, comme il est dit, se divisent de la terre à l'espace ou de partie à somme, et sur la terre de pure à méphitique.

DU MIASME.

On ignore la nature du miasme; d'après cette analyse, il s'établit qu'aucune autre différence n'existant que celle de l'air atmosphérique qui se pèse, et des impondérables qui ne se pèsent pas, il est évident que le miasme qui ne se pèse pas doit être de la catégorie des impondérables. Il résulte de l'analyse, quoique l'on ne l'ait point jusqu'ici reconnu, que les impondérables se divisent en impondérables purs et en méphitiques.

D'après cette analyse, la différence de la loi qui régit les impondérables sur la terre et ceux dans l'espace, se combine de celle du rayon du feu au rayon solaire. C'est expliqué par la suite. On peut concevoir que la violence des courants d'air dans les contrées désertes déchire l'atmosphère, qu'ainsi il se détache des parties infiniment petites, telles que celles des impondérables; ces impondérables, produits par une cause accidentelle, s'isolent de la loi constante qui régit les impondérables, et produit le miasme. Sitôt que le rayon solaire les pénètre dans une direction perpendiculaire (la direction perpendiculaire est suivant la loi des centres de gravité, vu que cette direction désigne la plus parfaite combinaison ou la division égale du point; et comme tout fluide ou liquide s'étend, la division égale ou le centre de gravité de l'étendue du fluide peut être à tous les points), il s'établit que si le rayon solaire pénètre cette force méphitique, elle est aussitôt soumise à la loi constante qui régit le rayon solaire, et cesse d'être méphitique. Il paraît ainsi très-probable, comme on l'a observé, que l'électricité pure est un antidote à tous les miasmes.

Les impondérables se manifestent sur la terre, tels que magnétiques, électriques et galvaniques. La force magnétique désigne la combinaison des divergences par le rapport intime de la négative à la positive. Le galvanisme désigne, par le développement de la positive à la négative, celui des quantités égales, ou le rapport doublé qui n'est pas encore la deuxième ère, car l'enchaînement de la négative à la positive, et de la positive à la négative, sur la terre, est par une donnée finie, ainsi la pile est suivant une condition finie (elle donne l'image de l'organisation physique, qui est un moyen fini par lequel se communique la vie). Il s'établit que le galvanisme sur la terre n'est qu'une manifestation du développement suivant la loi de l'infini ou de celui du même fluide dans l'espace.

DE LA FORCE CENTRIPÈTE ET CENTRIFUGE.

Il s'agit de classer la force centripète et la force centrifuge. Il est impossible de ne pas reconnaître que la force centripète est une fonction de la négative, et la force centrifuge de la positive, vu que, dès que le mouvement est visible, il l'est par le rapport de ces deux forces, lesquelles sont indivisibles du mouvement ; elles se présentent (bien qu'inhérentes) comme divergences, tant que le mobile n'est pas ramené au mouvement.

La force centripète, qui tend vers le centre, se combine de la loi du poids ou de la concentration des molécules qui constituent le mobile. La force centrifuge se combine du développement ou du mouvement visible.

Ces deux forces, telles que divergences, sont suivant la première division, ("Les corps englobés par le mouvement diurne de l'atmosphère retombent vers la terre.") Sous l'acception de la seconde division de la première ère du principe absolu, ou du mouvement des corps sur la terre, le rapport des deux forces n'est que manifesté, vu que l'une des forces, la force imprimée marquée par la force centrifuge, s'ellipse à la chute des corps.

A la troisième division, les forces centripète et centrifuge, inhérentes comme la négative l'est de la positive, élevées aux impondérables, telles que cause du mouvement ou du rapport; sous cette acceptation, le rapport des deux forces n'est encore que manifesté.

A la quatrième division, la force centripète et la force centrifuge, de même que la négative et la positive, sont ramenées à la loi qui régit les impondérables et au mouvement dans l'espace, lequel s'exprime par les calculs déduits de l'analyse de la force Ces deux forces reparaissent dans l'espace telles que fonction de la négative et positive; ainsi, le rapport de ces deux forces élevées à l'espace désigne la loi de l'attraction, ou l'attraction modifiée par la répulsion; c'est expliqué par la suite.

On doit considérer la force centripète et centrifuge comme le renversement de la même valeur : ainsi, cette force suit la même loi que la négative et la positive aux impondérables.

Le chapitre qui contient le rapport du soleil à la terre , ainsi que celui qui suit, et qui se rapporte au mouvement du mobile combiné de celui de l'atmosphère , démontre , je crois , qu'il est impossible de considérer les forces centripète et centrifuge , ne se pesant pas , sous une autre acception que celle de fonction de la négative et positive. Tout ce qui ne se pèse pas étant formé de parties infiniment fines , désigne un mouvement et des propriétés plus élevées. La force centripète et la force centrifuge se manifestant de même que les impondérables, sans la participation d'aucun autre agent visible que le mouvement, il me semble qu'il peut être reconnu sans aucune autre donnée, que ces forces sont , comme l'analyse l'admet, de la même nature que les impondérables.

APPLICATION DES LOIS DÉDUITES DU RAPPORT DANS UN INTERVALLE AUX IMPONDÉRABLES.

Si les impondérables sur la terre, ou la négative et la positive, sont combinés de la force centripète et de la force centrifuge, et que, d'après la loi de la première limite du rapport, les valeurs aux extrémités de la base du premier triangle sont telles que des valeurs simples qui ne sont pas doublées, la force centripète et la force centrifuge, ou la négative et la positive, aucune de ces forces ne peut se rapporter à la première division ou aux valeurs à l'extrémité de la base du premier triangle, lesquelles ont seulement la manifestation de la valeur doublée ou celle de l'infini du rapport.

A la seconde division, le mouvement est visible, mais les valeurs du premier triangle n'étant pas doublées, elles ne contiennent pas le rapport ; ne contenant pas le rapport, l'intervalle n'est pas réduit ; ainsi le rapport de l'une à l'autre extrémité de la base n'est pas suivant la loi d'une vitesse in-

finie ; il est suivant une force imprimée qui régit le mouvement des corps sur la terre. Sous cette acception, le rapport n'est pas manifesté.

La troisième division se subdivise de la manifestation de l'infini du rapport à l'infini du rapport ; le mouvement, élevé à la cause ou au principe, s'exprime par les valeurs à l'extrémité de la base, ramenées au sommet, ou à des quantités égales. Sous cette acception, l'infini du rapport de la force négative et positive est manifesté.

Si l'infini du rapport des deux extrémités de la base du premier triangle ne désigne pas le terme parfait, mais un perfectionnement, le sommet reparaît aussitôt comme une des extrémités de la base du second triangle.

Il s'établit qu'à l'infini du rapport, la base étant élevée au sommet, le mouvement l'est à la cause dès qu'élevé aux impondérables ; les impondérables le sont de partie à somme ou de la terre à l'espace ; *donc, à l'infini du mouvement sur la terre, le mouvement ne cesse d'être,* mais il est tel que celui non des mobiles sur la terre, mais

de la terre. Le mouvement élevé à la seconde ère,
est suivant une autre loi , et il n'est à l'infini
pour la première qu'élevé à la seconde ère.
A la seconde ère, la loi du mouvement se présente comme le rapport de la négative à la positive, ou de la force centrifuge à la force centripète, qui désigne l'attraction modifiée par la répulsion.

D'après la loi de la seconde limite du rapport ,
le sommet du second triangle ne désignant pas
l'élévation ou l'infini de la seconde ère ramenée à
une des extrémités de la base du premier triangle,
il est tel que l'infini de la première ère ; ainsi ,
jamais les deux extrémités de la base du second
triangle ne se combinent du sommet. D'après cette
loi , il s'établit que la force centripète et la force
centrifuge, ou la négative et la positive, ramenée
aux extrémités de la base du second triangle,
sont moins l'infini de la valeur cubique, c'est-à-
dire qu'elles ne cessent d'être conditionnelles à
une loi plus élevée.

Si la valeur doublée au premier triangle est
simple pour le deuxième triangle, le mouvement

qui ne cesse d'être, est suivant une double opé-
ration ; car la valeur doublée qui désigne la réduction de l'intervalle, se combine de la valeur
simple qui indique le développement ; ainsi, la
réduction, comme il a été dit, se combine de
l'accroissement de l'intervalle. D'après cette loi,
à ces nouveaux calculs, l'infiniment petit se
combine de l'infiniment grand. Cette acception du mouvement doublé désigne, à l'égard
des impondérables, qu'élevées à l'espace, des
propriétés plus élevées qu'elles contiennent cessent d'être offusquées.

Il s'établit que la loi de la quatrième division
ou de la deuxième ère est exprimée par les impondérables et par le mouvement des corps dans
l'espace; ainsi, les calculs déduits de l'analyse
de la force doivent exprimer la loi du mouvement dans l'espace, et, à l'inverse, le mouvement dans l'espace doit démontrer la conséquence
de ces calculs.

*Les impondérables sur la terre désignent la cause
accidentelle, qui ne cesse d'être conditionnelle à*

une loi encore plus élevée. Ainsi la cause doit reparaître comme effet.

La réduction de l'intervalle désigne aux impondérables la loi de valeurs égales ; cette loi de valeurs égales qui régit les impondérables, est la même que celle de tous les centres de gravité ; ainsi, la loi des corps exprimée par les centres de gravité, est celle des impondérables.

Il se déduit que tous les corps sur la terre, s'ils sont élevés à leur principe, le sont aux impondérables, en que tous les corps ont pour principe les impondérables, qui se présentent comme cause du mouvement. Ainsi la formation des corps, ramenée aux impondérables élevés à la loi de l'espace, l'est au mouvement dans l'espace : donc, la formation des corps, élevés aux impondérables, suivant la loi de l'espace, l'est à un mouvement infiniment élevé, qui détermine les différences des corps par les différents modes de proportions du mouvement, lequel est incommensurable en principe.

DE LA DIFFÉRENCE DU POIDS A L'ÉQUILIBRE.

D'après cette analyse, la force visible l'est uniquement par le mouvement; tout mouvement d'un mobile sur la terre est par le rapport du poids à la force imprimée.

On peut considérer le poids comme une force de déduction ou négative, car, plus il y a de poids, plus il y a de résistance à l'élévation initiale, et moins il y a de rapidité ou de vitesse; le poids, par le renversement à l'équilibre, est tel qu'une force visible, vu que plus le mobile est en équilibre, moins il oscille et plus il y a de vitesse; ainsi, *le poids considéré comme force de déduction rapportée à l'équilibre, l'est comme force visible.*

Il est dit que la combinaison des divergences peut être, si une des différences subit un renversement; mais il faut observer que de l'une à l'autre, la différence est totale. Plus le poids est soustrait par le renversement à l'équilibre, moins il y a de résistance et de cession ou d'intervalle, et plus il y a de vitesse : ainsi, plus le poids est soustrait, mieux est réduit l'intervalle désignant le temps, et mieux est perfectionnée la combi- naison des différences, telle que celle de la loi au mobile, ou du mobile à la force ou la loi. A l'in- verse de l'élévation initiale, plus la force impri- mée est soustraite, plus il y a d'intervalle et de résistance. A la chute de mobile, le poids repa- raît comme force; il y a cette différence : le mou- vement s'accélère en raison de la force imprimée qui s'ellipse, se divisant du mobile; le but ob- tenu est l'inertie. A l'élévation initiale, le poids s'ellipse, le mobile élevé s'identifie à la loi; le but obtenu est non l'inertie, mais plus de force en raison de plus de combinaison du mobile à la loi.

Le degré du renversement du poids ou du mo- bile à l'équilibre, désigne le degré de combinai- son du mobile à la force imprimée, qui peut être considéré comme celui de la vitesse modifiée par la résistance à la cause, qui s'indique par plus ou

moins de réduction de l'intervalle ou des cessions; ainsi les intervalles de temps désignent la
différence du rapport de la cause à l'effet. Le
rapport du poids tant soustrait que plus d'équilibre, n'est à peu près égal qu'à l'infini.

DE LA PROPORTIONNALITÉ DES FORCES.

Aucun mouvement ne peut être visible sans
marquer la différence du principe de la force,
comme cause à la force visible par le résultat du
mouvement. D'après cette analyse, le principe
admis, que la force est proportionnelle à la vitesse, n'est pas exact.

Un cheval ne peut courir de toute la force qu'il
contient; une machine peut-elle avoir un mouvement sans un excédant? il est reconnu qu'on
ne peut employer la masse d'eau entière pour faire
mouvoir un moulin; il n'y aurait ni cession, ni
intervalle, ni mouvement, si la force telle que
cause était proportionnelle à la vitesse.

Il y a sûrement bien des questions où la force
telle que cause ne demande pas à être divisée du

résultat; mais du moment que l'on divise la cause du résultat, il est impossible que la cause qui précède d'un temps soit proportionnelle à la vitesse; l'analyse établit que si la cause était égale au résultat, il n'y aurait ni cession, ni intervalle, ni mouvement possible.

Il se déduit que la différence du principe au résultat, ou celle de la cause à l'effet, est d'autant plus marquée que la vitesse est moindre. Ce rapport est tel, que celui du renversement du poids à l'équilibre, qui est variable, selon la vitesse, et n'est quasi égal qu'à l'infini. La différence des quantités égales est, mais elle est telle qu'une infiniment petite quantité. *Si la vitesse visible par le résultat est divisée en quantités infiniment petites, la différence réduite désigne que telle vitesse est ramenée à une vitesse infiniment grande. Le temps qui précède l'élévation initiale est une quantité infiniment petite; l'équilibre instantané admet une différence qui désigne celle de l'une à l'autre vitesse.* A la troisième partie, il se déduit une loi constante qui exprime la différence des quantités infiniment petites.

A l'infini du rapport, la vitesse ou le mouvement qui cesse d'être visible pour la première ère reparaît suivant la loi de la seconde ère ; ainsi, la force n'est jamais proportionnelle à l'effet ou au mouvement visible, elle l'est par déduction pour la première ère ou l'ère passée ; elle cesse d'être proportionnelle , dès que le mouvement est visible.

DU RAPPORT DE LA CAUSE A L'EFFET DU MOUVE-MENT DU MOBILE COMBINÉ DE LA CAUSE A L'EF-FET PRODUIT PAR LE MOUVEMENT DANS L'ATMOS-PHÈRE.

Le même poids, suivant la force de l'impulsion, écartant plus ou moins de résistance de l'atmosphère, est plus ou moins soustrait ; ainsi il est évident que, ramené au mouvement, le même poids est variable; les cessions qui marquent la résistance, et par la résistance la valeur du poids, se combinent exactement de l'atmosphère qui se recompose.

Tout mouvement est suivant la loi de l'air qui contient le mobile; sur la terre, le mobile est ramené au mouvement par une force d'impulsion

connue ou finie. Par le renversement du poids à l'é-
quilibre, le poids ou le mobile peut être rapporté,
soit à l'effet, soit à la cause de la force ; car la vitesse visible par le résultat ou l'effet se divise du
poids à l'équilibre ou de la cause à l'effet. Elle peut
aussi être prise sous une des acceptions. Ainsi on
peut dire que le poids, cherchant à vaincre la résistance, telle que force ou équilibre, désigne la cause. La vitesse visible par le résultat moindre de la
cause soustrayant tant de force ou d'équilibre,
peut se rapporter à la résistance ou au poids ; le
mouvement, ainsi divisé de la cause à l'effet, l'est
du poids à l'équilibre. Cette valeur doublée du
principe au résultat, de cause et d'effet par le renversement du poids à l'équilibre, peut être ramenée du mouvement du mobile à l'air qui le contient. La force imprimée faisant jour à un air
moins dense, tel que celui des impondérables, désigne la cause ; la cause étant accidentelle, l'atmosphère se recompose, et se recomposant, se
combine du poids ou de la résistance. *Le mobile
lancé avec plus ou moins de force, a un équilibre
instantané, dont la différence est, mais impercep-*

tible) ; ainsi, l'équilibre se combine de la cause. Le rapport du renversement du poids à l'équilibre diffère à chaque force imprimée; mais à toutes, le poids est à l'équilibre quasi dans le même rapport que la cause du mouvement dans l'atmosphère, l'est à l'atmosphère qui se recompose. (On verra qu'il était impossible de résumer l'analyse du renversement du poids à l'équilibre sans ramener la différence du poids à l'équilibre à celle de la cause à l'effet de l'atmosphère.)

Pour suivre cette analyse du renversement du poids à l'équilibre combiné de la cause à l'effet de l'atmosphère, le levier du calcul admis s'élèvera hors des limites connues, posé pour les mouvements sur la terre dans l'espace; il déduira de l'espace la force; à tout degré soustrayant le poids et la densité de l'atmosphère, moins de poids, suivant un certain rapport, en raison de plus de force imprimée; moins de résistance en raison de plus d'équilibre, par le renversement du poids à l'équilibre, il lancera le mobile jusqu'aux confins de l'atmosphère; arrivé au terme de la vitesse, le poids quasi-soustrait est tant moins que

54

plus quasi-égal à l'équilibre; si le poids est quasi
soustrait, le rapport cessant d'être, on est appelé
à reconnaître la limite de la force imprimée et
de la cause accidentelle ; donc, le terme des vitesses ou du mouvement sur la terre et du calcul
connu, est que pour franchir cette immense bar-
rière et lancer le mobile dans l'espace avec une
vitesse infinie, il faut une autre loi, car tout mouvement dont les termes ont des cessions ou des intervalles appréciables, ne peut suivre une vitesse
infinie qui désigne la loi de l'espace, ou celle des
impondérables par des intervalles réduits. Cette
loi est développée par la série nommée du rayon.
Il est évident qu'il importe d'émettre une loi qui
donne le moyen de suivre une vitesse infinie, et si
on ne l'obtient pas, on doit admettre qu'on n'a pas
reconnu la loi qui régit le mouvement dans l'espace. Ainsi, on est amené à reconnaître *la nécessité
de l'élévation des calculs;* les calculs déduits de
l'analyse de la force seront démontrés s'ils ont
le moyen, comme il semble, de réduire l'intervalle
sans que la différence cesse d'être; ainsi, s'il désigne la loi du rapport de quantité égale, qui est
celle de l'espace.

Supposez un mobile lancé avec plus ou moins de force, l'élévation initiale de ces différentes vitesses atteindra des points plus ou moins élevés. On peut ramener la série de ces points à la ligne inclinée formant l'angle : mettez à ces points des leviers, ou ramenez ces leviers marqués par des points au bras d'un seul levier, l'étendue du bras qui désigne plus de force fera varier le rapport. Au premier point la résistance sera plus grande, et la différence de la cause à l'effet ou du poids à l'équilibre sera plus marquée et toujours plus réduite, en raison de plus de force à l'infini de vitesse du rapport ; le poids sera tant moins de poids que plus de force, quasi réduit ; la réduction est quasi proportionnelle à la force, si la vitesse est quasi intègre à la cause : le levier est ramené à la balance, la différence est, mais infiniment petite. Il s'établit que la vitesse à l'infini du rapport cessant d'être visible pour la première ère, élevée à la loi de la seconde, ou celle de la série du rayon, est *par déduc- tion* intègre ou est proportionnelle à la cause; la différence de la cause à l'effet à la seconde ère reparaît dès que le mouvement est visible. Le poids réduit ne peut être lancé hors des limites de l'atmosphère sans changer de loi et d'acception. L'intégration de telle limite ne désignant qu'un perfectionnement sans que la différence cesse d'être, le mouvement reparaît suivant une autre loi. La vitesse n'est ainsi proportionnelle à la cause que pour l'ère précédente lorsqu'elle cesse d'être visible. Le rapport du renversement du poids à l'équilibre qui diffère à chaque vitesse et à chaque terme de valeur, est combiné de la cause à l'effet du mouvement dans l'atmosphère; toutes ces différences sont résumées aux quantités égales; car à chaque point, le poids, tel que résistance, est à la cause du mouvement de l'atmosphère comme le rapport de l'équilibre du mobile est à la résistance de l'atmosphère, tant plus que moins et moins que plus valeur quasi égale.

Il se déduit que le rapport du principe au résultat n'est pas résumé, si la ligne ou le rapport n'est divisée, car la force centrifuge et centripète précède le point qu'elle atteint; donc, elle n'est parfaitement combinée en même temps centripète et centrifuge que pour deux points différents, le poids, telle que résistance, en même temps se combine par renversement de la cause du mouvement dans l'atmosphère. *)

L'analyse détermine que toute résistance accidentelle est exprimée par le degré de vitesse Si la force est plus grande, le même poids est plus soustrait; on peut exprimer la soustraction du poids par une diminution de volume.

On admet que si la force était proportionnelle nécessairement au pendule, le poids remonterait au maximum, les oscillations cesseraient d'être graduées. Ainsi, la graduation au pendule désigne que la force n'est pas proportionnelle à la vitesse; l'objection que l'on a faite est celle que l'on attribue la gradation des oscillations, donc les cessions, à une circonstance particulière, celle de l'action de l'atmosphère sur le fil qui fixe le poids; et pour le démontrer, on dit que sans cette influence, la force imprimée donnerait au mobile une direction qui ferait décrire dans le vide la droite.

Il s'établit que pour démontrer que la force n'est pas proportionnelle à la vitesse, il s'agit de

58

démontrer que les cessions ou la gradation ne tient pas au fil, mais désigne la loi qui régit la force imprimée.

Il se déduit, d'après l'analyse, que la graduation des oscillations constitue la loi de la force imprimée, elle est marquée par des cessions ou intervalles visibles; dès que le principe est une cause finie, les intervalles sont visibles; dès que visibles, ils sont gradués. Ainsi cette différence ne tient pas au fil ou à l'action de l'atmosphère sur le fil, mais à la loi qui régit la force imprimée.

La différence de la loi qui régit le mouvement des mobiles sur la terre, dont l'équilibre est instantané à celle du mouvement des corps dans l'espace qui sont en suspension ou qui gravitent à tous les points, et dont l'équilibre est constant, est évidente.

Il est impossible de ne pas reconnaître qu'il ne s'agit nullement pour suivre une vitesse infiniment grande, *comme on le suppose*, d'un perfectionnement d'instrument, mais d'élever le moyen du calcul; l'approximation est toujours une différence totale pour une limite plus élevée.

Je dois faire observer que le calcul différentiel n'étant pas avancé jusqu'au point de poser la différence de l'infini incommensurable à l'infini qui désigne un perfectionnement , on n'a pas reconnu la loi de la seconde ère qui résume toutes les questions du temps à un principe plus élevé , sans être encore le principe des lois. Ainsi, il n'est nullement question dans cette analyse de la quadrature incommensurable, mais d'un perfectionnement.

DE LA CAUSE DU MOUVEMENT.

Il a été dit que *le mouvement sur la terre fait jour à un air moins dense , lequel peut être considéré comme cause du mouvement; la cause étant accidentelle, ce fluide se résume à son principe , et l'atmosphère se recompose.* Il importe de déterminer qu'il est plus exact de dire que ce fluide se résume à son principe, que de dire qu'il retourne au mobile et à l'espace.

Il a été dit que le rapport ne peut être , sans

qu'une des différences ne se résume au nombre de l'intervalle ou au sommet, qui désigne la cause et manifeste l'infini ; à l'inverse, la loi du sommet, de même, ne peut être appréciée sans le rapport : ainsi, la cause accidentelle ou la force imprimée, d'après cette loi, détermine dans une certaine proportion l'expansion du même fluide contenu dans le mobile, lequel, étant de même nature que la cause accidentelle qui apparaît dans l'atmosphère, a son principe dans l'espace ; et si ce fluide est offusqué par un air plus dense, il est plus juste et plus exact de dire qu'il se résume à son principe, et que le rapport ou le mouvement cesse d'être, que de supposer que ce fluide retourne au mobile et à l'atmosphère ; car on ne peut dire qu'il retourne au mobile qu'en admettant que le rayon ou le jour qui pénètre tout, rend la force dépensée.

DE LA DIFFÉRENCE DU MOUVEMENT DES CORPS SUR LA TERRE ET DANS L'ESPACE.

La différence visible du mouvement des corps

dans l'espace de ceux qui sont sur la terre , est conforme à celle des calculs connus et ceux qui sont déduits de l'analyse de la force. Sur la terre, un corps lancé a un équilibre instantané ; dans l'espace, l'équilibre est constant, vu que les corps sont en suspension. Si la différence du mouvement est visible, celle des corps, comme il est dit. doit être déduite.

La loi de la mécanique sur la terre, ou celle qui régit le mouvement des corps sur la terre, a été rapportée à la mécanique céleste perfectionnée par le calcul intégral, qui donne le moyen de réduire les intervalles, mais il ne donne pas le moyen de les réduire autant que possible. Suivant la loi des calculs résumée de l'analyse de la force, par la déduction des valeurs (ou le mouvement doublé), on obtient, il semble, le moyen de perfectionner la réduction, donc d'exprimer l'infini du rapport, ou le terme aussi parfait que possible du mouvement, suivant la loi de la première ère, et de mieux résoudre les questions qui en dépendent.

LE MOUVEMENT DE LA TERRE RAPPORTÉ A DIFFÉRENTES LIMITES.

Le mouvement de la terre peut être ramené, comme toutes questions par déduction, à toutes les divisions du principe absolu, aux calculs connus ou à ceux de l'analyse de la force. Supposez qu'au passage d'un astre au méridien on néglige d'exprimer la quantité qui manque, cette question est ainsi ramenée à la deuxième division ; si on reconnaît la loi qu'elle indique, elle l'est à la troisième si le mouvement que cette loi indique est exprimé par une série; la vitesse est ramenée à la loi de la seconde ère ou à la quatrième division du principe absolu.

Si le calcul est élevé au principe du mouvement sur la terre ou à la quatrième division, les questions qui dépendent du principe du mouvement, telles que, d'après cette analyse, les perturbations, celles de la formation de la terre et du soleil, les questions de la géologie et d'autres, doivent obtenir une solution plus conforme aux lois émises.

A l'égard de ces questions, les calculs et principes connus ne suffisent pas : on est obligé d'admettre des hypothèses qui ne s'accordent avec aucunes lois connues. Le parallèle de ces questions, telles qu'elles sont posées suivant la loi de l'analyse de la force, et telles qu'elles sont admises, donne, il me semble, une démonstration que, loin de chercher à établir aucune hypothèse, cette analyse s'appuie sur des lois connues, et n'admet aucune hypothèse. De quelle loi s'appuie l'hypothèse que le feu tourbillonnant dans l'espace est cause de la formation de la terre? que la terre se refroidit? n'est pas une donnée suffisante; celle que le soleil est du gaz enflammé? d'où viendrait dans l'espace le gaz enflammé? Que les déluges partiels sont cause des phénomènes de la géologie? cette hypothèse détruit toute idée d'ordre et d'équilibre, et n'explique nullement que les coquillages se trouvent par couches rangées symétriquement au sommet des montagnes. D'après cette analyse, la formation de la terre se déduit de la lumière créée en principe ou d'un mouvement très-élevé quant à la formation du soleil; le vide nommé dans cette analyse jour en essence, est en principe de la lumière visible ou du soleil; le soleil se résume du mouvement de la terre, qui, suivant la loi de l'ellipse, concentre les rayons du jour vers un seul point nommé foyer; dès qu'il y a concentration, la lumière se manifeste. A l'égard de la géologie, il se déduit que le mouvement dans la terre suit une loi constante qui se combine de celle du mouvement de la terre dans l'espace. Il est tout simple que les corps les plus légers gravitent vers le surface ; cela n'est contraire à aucune loi.